U0340092

茶事繪

王成华——绘

桑田——文

华中科技大学出版社
http://www.hustp.com
中国·武汉

你只管饮茶，自有幽香通梦里。

自　　　　序

饮茶入画

－ 王 成 华 －

总觉得绘画拥有无限的魅力，在我还是很小的懵懂的年纪，绘画就轻而易举地俘获了我的心，那种色彩和线条带来的美感震慑着人的灵魂，让人心甘情愿为之耗尽终生。我与无数同龄人一样经历着时代的变迁，经历了改革的浪潮，然而初心未改，一旦有了机会，就拿起画笔。所幸自幼酷爱绘画，根基不曾丢掉，捡起来也容易，我早年从事美术设计，后来终于有了时间专心伺候中国画，这以后，就一直到了现在，加起来，已是六七十载。

　　对于绘画，除了钟爱那种色彩和线条，我说不出高深的道理，其实，作品水平的高低，要靠作品自身来传达，任何附加的表白都是徒劳。庄子说过：外重者内拙。意思是太过于分心关注目标之外的其他事物，必然导致思维迟钝。对此我深以为然。

　　草民有草民的乐趣，我喜欢喝茶，也喜欢画画，画画的时候泡上一壶茶，更是觉得通身舒爽，于是更喜欢泡上一壶茶，邀约三五知己一同品饮。喝茶也是一种艺术，是最平民化的艺术，是百姓都可以随时拥有的乐趣。我们通过喝茶提升生活品质，拉近人与人之间的关系，聊聊自己的心事，聊聊家国天下或者儿女情长。甚至可以说，茶是通往精神层次的媒介，一个人喝茶画画的时候，似乎可以感受到除了喝茶画画之外的一些玄妙的东西，和宇宙有关，和生命有关，也和情感有关。

饮茶是一大雅事，上茶山更是一乐，好茶的生长地，往往在绿水青山云雾缭绕之境，使人心旷神怡，仿如置身中国传统山水画中。如此清静雅致，美不胜收，常常会让人想起明朝的画家们尤其喜爱在山清水秀的大自然中品茶，比如文徵明的《惠山茶会图》、唐寅的《事茗图》等等。茶画中，这些悠悠天地间的茶人们生活得格外有情致，他们或饮茶，或烧水，或赏花，或踏春，闲情逸致，飘逸风骨。不少画家更是寓哲理于画中，耐人寻思。

于是我想，能不能在有生之年，在文人茶画领域深入地，成体系地创作一批茶画，将鄙人毕生的思考和对于茶的情感融进这些茶画之中？

长期的茶画酝酿，终于得到了释放，一次偶然的机会，和云南籍的"80后"诗人桑田合作，她写诗，我画画，两个加起来一百多岁的人朝着同一批茶画去努力，历时一年又半载，一张一张的茶画断断续续画出来，也就是本书中的一系列茶画。

感谢多方友人的帮助，感谢华中科技大学出版社的杨静老师，有了你们，这批作品才得以出版，作品应当共享，友谊更是无价。

寻找精神家园

— 桑 田 —

茶如同一盏青灯，带领着我们回到久远的时光，牧马南山的岁月里，古埙的声音一直在历史的长河里悠悠流转，内心悠然，空却澄澈，也许这就是茶的性情。一脚踏进茶人的精神世界，方觉茶使人冷静，茶使人有着和颜悦色的面容和孤高自傲的性格，茶仿佛是人精神世界的仪式，没有思妇的离愁别恨，没有秦淮河水的香艳之风，有的只是两袖的茶风，茶人在天地之间冷静的气质与内敛的情感，融为茶汤里的浩然之气，悠远而沉厚。

青山是坦然的诗境，也许你不能理解它的神秘，但你注定会等待独居山中时茶香吹来的一刹那。茶人是属于青山的，他们是深居山水，以仙鹤为友的隐士，在青山里，人的物质欲望会被搁浅，只留下思想的光辉随风而去，古老的智慧在这里天色常蓝。在青山里，春耕播种只是为了秋收这样朴素的信念，无论松风竹雪、万里明月，都是一派田园风景，种豆南山下的时候，那种悠然也许不会去关心草盛豆苗稀，也不同于人间烟火的超然气息，茶的空灵、清幽只在诗境中散开。

茶人的精神世界与滚滚红尘永远隔着江南烟雨，隔着遥远的时空。看，山中岁月，竹林贤人，茶味时光，笙歌宴饮，都是一种美好的寄托，在我们心灵困顿之时，茶味之静，如同久远之风吹进线装古书里，汉语像流水上的桃花一样自在，茶香是归时的明月，是踏歌相送的折柳、江湖的夜雨滂沱。一壶茶就使人迷失了神经，而一壶好茶，更使人梦入南山：桃花幻梦，曲觞流水，青莲浮生……

茶人的山中岁月应当如此：春日，出门赏春花、踏春，看东风托起稚童的纸鸢，看陈师道所写的"山色满襟"，仿佛身体里的水都要开出芷兰；夏日，看荷被风吹起盎然绿意，看雨水从天穹降下，滋润山中万物，待一帘疏雨过尽，于空山之中吹起横笛；秋日，站在深秋的山林里，看晚山的红叶纷飞，看倦鸟归巢，看秋水的深潭里荡起阵阵涟漪，看白云、山谷、孤松、古树、乱山、岩石、枫叶；冬日，看空山寂寂，听梵声万里，看子规声里曾经驻着的光阴，看明月照出山崖，更适宜寒窗夜读，彼时满树玲珑雪未干，一壶茶尚有热气，倘若茶桌上没有滋味，去院中捡一截带雪的枯枝，意境也就有了。至此，天地已经是一个完整的精神世界。

这样的日子，愿寻一老茶友。风来，在风中等你；雨来，在雨中等你。或寻三五聊友围炉夜话，有多少茶，就有多少光阴的故事。我们的理想是在阳光下的岩石上，开出久远的花朵，映照着茶味的芬芳。那一盏茶，即是灵魂的寄托。是的，你只管饮茶，自有幽香通梦里。

茶人的山中岁月应有书读：晨读书，有茶，夜读书，也有茶，从遥远苍茫的《古诗十九首》一直读到宋代话本和明清小说，读庄子、陶潜、竹林七贤、杜甫、晏几道、黄庭坚、苏轼、陆游、姜夔……在茶味中打开一扇通往古意深处的大门，寻找古人那不老的情怀，甚至回到在水边唱着沧浪之歌的小孩和不远处的老子的时代……走马天涯的剑客、面对一碗茶静坐一个下午的僧人，在古书里，和他们一同浪迹天涯。于是，人不可救药地融入了这空灵又寂静的山居岁月。

茶人的生活应朴素且美：这是一座空山，来往的茶人都已经找到家园，南山的菊花悠然盛开，清晨，纸窗瓦屋风敲竹，茶人从梦中醒来，摘几朵菊花，邀来邻家作宾客，一边饮茶一边闲聊，谈论大江如何淘尽风流人物，谈论烟涛浩渺的传奇故事，谈论头顶的明月千年之前曾照古人归，谈论千帆过尽的山水悠悠，谈论邻山茶人的思虑和澄净……友人散后，再独饮，茶到浓处，扑倒在野花丛中，人便也醉卧在青山里，而茶醒时分，皓月当空，衣衫上还沾染着花香的气息，这样的茶境，美得不可方物，美得万古长空。

世事之味，百转千回，有谴谪羁旅，就有归隐栖居；有庙堂之高，就有江湖之远；有人雨夜赶科场，就有人辞官归故里。想要的太多，也就难免失落，人世的忧愁也正在于此，红尘之中无法剥离的身躯，正在忍受生之艰辛，人生有多少不眠之夜，就有多少泪流满面的风景。而远山的白云深处，多老僧，多茶人，山中的幽谷晴雪，都是如此一往情深，你可以想象一个茶人在寒山一片、雪花满地之时那悠然的心态和自若的神采。

人生天地间，忽如远行客，一切如流萤飞过，山居生活，终于令人为之烂醉，令人为之感慨，在迷雾的荒野里，我们寻找这心灵的家园，那一片纯净无染的净土里，生长着人性的美好，生长着满山花朵，有青山白云相伴，云水悠悠相随，这是一种久远的意境，天地空旷之中的千年风雅。

我们思考人与永恒、生命和死亡、飘逸与洒脱、愁苦与自在。当与世无争的野花开遍山崖，生命便予我们无限的坦然，看遍世间的残冬与凋零，从此脱胎为云游之客，穿一身白衣，带一壶清茶，穿过林间小路，掠过无垠旷野，跨过潺潺溪流，走过那落满樱花的断桥，在晚风夕霞之中去往云山深处。再无春梦初惊的闲愁，只有青山相伴，寂静深处，白云悠悠。

"茶画"意趣

－ 谷雨（文艺评论家）－

华灯初上，王峻鹏兄来，泡上一壶普洱，说起王成华老先生的"茶画"，说起云南普洱，欣赏"茶画"，寄情山水，不觉明月中天。王成华画"茶画"并不是这两年的事，很早之前，见他画山水小景时，总有一二老翁端坐山林间、茅屋前、松树下、石凳上，远眺白云出岫，静品香茗，悠哉乐哉！后又见他画小册页，巴掌大的小纸上，画一枝梅，一壶茶，一只杯，静雅之极，隽永之极，让人怀想无限，畅想着何时才可以远离尘世纷扰，陶醉于这赏花品茶的时光里？

　　那个时候，似乎还没有人定名为"茶画"，王成华先生只是信手闲笔，通过画茶炉、茶壶、茶杯，画出内心的一份淡然与宁静。不曾想世上总有知音，机遇到时，相见恨晚且惺惺相惜，慧眼识才者，竟将王成华的这一题材拔擢而出，成为他独具一格的"茶画"艺术。

　　听峻鹏兄说已经辑得王成华老先生"茶画"二百余幅，欲编辑出版，从哪个方面着手来分成几个小辑呢？这些作品都是王成华老先生近年力作，若按创作时间分并不太适合；若按尺幅大小分也不完美，若按所寄托的情感来分，那更是百人百样，各不相同。谷雨有言：王成华"茶画"，不画人物者，作为他画中"静物"可归为一类；画人物者，按人物多少分倒有雅趣，扇面小品、中堂条幅、成套者也可作为一类；按春夏秋冬、山水庭院、花好月圆者，也可分类。细细品味，王成华先生之"茶画"种类繁多，绝无重复之作。他是春夏秋冬都可入"茶画"，鸟语花香都可入"茶画"，山川湖泊都可入"茶画"，杨柳松柏都可入"茶画"，且用色明快，引人入胜，一壶苦茶，半天光阴，足可包络天地，思接千载，或隐逸、或洒脱、或散淡、或恬静，今古相通，情趣盎然，又怎么能胡乱分类呢？

王成华先生"茶画"是一壶一世界，一画一天地。这次更是配以诗人桑田的旧体诗，互为释读，相互印证，相得益彰，精彩绝伦。

我每每赏读，都会不由自主地走进他的画面里，体味她的诗。他画一人独坐，一壶茶，一盏杯，一株牡丹并蒂，一盆菖蒲幽雅，题一首桑田的诗，曰：花开花落又成空，花色年年略不同。谁人共与花事老，谁人无语看东风。真是沧海桑田，无限心事啊。这幅画，画出了一片大天地，却似也画出了一则故事，不知道是辛酸，是落寞，是无奈，还是向往？仁者见仁，智者见智，不同的人，不一样的心情，当然会有不一样的感悟。

王成华"茶画"配以桑田之诗，是画里有话，话里有画，成华先生的画蕴藉，桑田女士的诗含蓄，任人琢磨，耐人寻味，如李宗盛的歌，林忆莲来唱，唱哭了，听懂了。

说这么一段，回过头来再品读王成华老先生的画，又貌似我曲解了，王成华的画用色鲜艳大胆，像齐白石红花墨叶，激情澎湃，充满生机，是热烈的正能量。的确，王成华虽然须发皆白，但是他的"茶画"，每一幅都是阳光的，是亮丽的，没有一丝暮气，没有一点消极，这也充分地体现了鹤发童颜的成华老人，童心未泯，热爱生活美好向上的精神。

王成华先生是非常喜欢喝茶的，他几乎日日都要饮茶，每次前往拜访，他总是顺手倒上杯茶，几杯过后，再换一壶，我说他"壶中茶常新，砚田墨不干"。他以为饮茶是平常事，平常之中见精神，普通老百姓喜欢喝茶聊家常，文人墨客则喜欢品茶论道，他说："对我来说，喝茶也是一种艺术，最平民化的艺术，是我们老百姓都可以随时拥有的乐趣。我们通过喝茶提升生活品质，拉近人与人之间的关系，聊聊自己的心里事，可以说，茶是通往精神层次的媒介。"也正因为成华老先生喜欢饮茶，所以他笔下的茶画才真实、诚挚、感人。

拙荆也开一爿茶舍，下班闲暇，三五好友，素瓷静递，相坐饮茶，特别美好。成华老先生也曾来茶叙，听他聊画画的事，茶气氤氲中，仿佛入了他的"茶画"，入了闲适温馨的茶境。

闲来无事且吃茶

— 朱霄华（丹霞斋主人）—

将这本茶画书摊开置于膝上，一路看完，恍若置身于青绿山水间，机心顿息，可谓一花一世界，一树一菩提，怡情养目，诗画两宜。

　　茶画作者是山东老画家王成华，号墨石山人、大壶翁，为当代著名画家，专攻中国画，至今习艺六十余载，尤擅长田园山水画和茶画。收入本书的是王成华与云南才女桑田合作的茶画写意小品，由桑田创作诗句，王成华提炼诗意后完成画稿，再在画上题诗，算是以茶为媒，诗书画合璧。

　　王成华的这批茶画小品，信手拈来，得心应手，颇得中国文人画随性散淡的意趣。画境中不时出现的那个悠游自在的饮茶人，挽高髻，留长须，洒然出尘，活脱脱一个行走在山水草木间的老神仙。王成华年近八旬，须发皆白，自号大壶翁，爱茶成痴，这个画中人，与他本人平时的行止颇为相似。

　　古来以茶入画者，不乏其人。阎立本的《萧翼赚兰亭图》，周昉的《调琴啜茗图卷》，赵孟頫的《斗茶图》，文徵明的《惠山茶会图》，唐寅的《事茗图》，丁云鹏的《玉川烹茶图》，都是历史上比较著名的以茶饮为题材的作品。王成华的茶画，在手法上不重细节描写，重写意，画面构成比较接近清代画家薛怀的《山窗清供》，画面简单，画中人闲适自处，有时一人独坐，有时二三人对饮，有时竟至无人，只有一个大茶壶、一二个小茶杯，点缀少许梅兰竹菊，画面上空白的地方题诗。

古代文人聚会，茶与酒是两样不可或缺的个中物事，酒助兴，茶洗心，而饮茶的格调通常都被认为要高于饮酒，因为饮茶更需要一种淡泊的心境，也更有助于明心见性。因此，无论是身处市井还是冶游山水，文人在曲水流觞、吟诗作对之余，往往少不了品茶，因此茶饮场面经常是入画的上佳题材。在茶室里悬挂上一两副书画作品，可以让品饮环境变得更加雅致。

中国茶文化，历来与诗书画同根同源。饮茶有助于修身养性，淡泊明志，为单调的日常生活带来很多机趣。可以说，茶与诗书画相得益彰。在茶道精神达到高峰的唐代，茶往往是诗人笔下反复吟咏的一个意象，一片茶叶，就足以让诗人的想象力上天入地，自由驰骋。如唐代诗人元稹的宝塔诗《一字至七字诗·茶》：

茶，

香叶，嫩芽，

慕诗客，爱僧家。

碾雕白玉，罗织红纱。

铫煎黄蕊色，碗转曲尘花。

夜后邀陪明月，晨前命对朝霞。

洗尽古今人不倦，将知醉后岂堪夸。

这首诗颇得机趣，唐人茶饮的过程、情景，如在眼前。借着茶气氤氲的形色香味，把诗客僧家、白玉红纱、明月朝霞，都盛放在小小的一碗茶汤中了。

茶之一味，大矣哉！一壶香茗，既可当万水千山看，也可在微小处，于一小片茶叶的舒展中见天地乾坤。吃茶，吃的不仅是一种滋味，一种心境，更是一种直达天地人生的大境界。品饮春色满杯的茶汤，也可以像喝下一壶美酒一样让人荡气回肠。

卢仝的《七碗茶歌》，更是把茶捧上了天，简直堪比化外高人精心炼制的琼浆玉露：

一碗喉吻润，二碗破孤闷。

三碗搜枯肠，惟有文字五千卷。

四碗发轻汗，平生不平事，尽向毛孔散。

五碗肌骨清，六碗通仙灵。

七碗吃不得也，唯觉两腋习习清风生。

蓬莱山，在何处？玉川子乘此清风欲归去。

一碗茶汤，在被称为茶仙的卢仝看来，可洗尽尘心，可超凡入圣。心骛八极，神游万仞。

古人于茶道，为的是获得一种内心的观照，一种与天地共生、天人合一的精神境界。"久在樊笼里，复得返自然"，这里所说的自然，不仅仅是地理意义上的山川湖海，也包含了时间节点上的四季轮回。一个深谙茶道精神的人，无论他处在什么样的时间地点，只要手中有一壶茶，天地人生便已装在壶中。

大壶翁王成华的茶画里有一幅图，上面题写"找个老茶壶，约个老时间，几个老朋友，磨个老半天，胜过老神仙"。我看了，莞尔一笑。"汲来江水烹新茗，买尽青山当画屏"，大壶翁的茶画，与中国传统茶道精神可谓一脉相承。只不过，若是将他的画放置在当下中国残山剩水与庸常的现实语境中，大壶翁所塑造的这一茶客形象，也只不过是一种寄托罢了。

宋代有一位文人，名王禹偁，写过一篇《黄岗小竹楼记》，其中有这样几句："公退之暇，被鹤氅衣，戴华阳巾，手执《周易》一卷，焚香默坐，消遣世虑。江山之外，第见风帆沙鸟，烟云竹树而已。"我想，这恐怕就是这批茶画所要表达的意思。所谓"特立独行有如此，高山流水自从容"。

大壶翁的画好，书法也有墨趣。桑田的诗，亦可观。如这首："少时独孤老更甚，半间草屋也容身。相逢只言修行好，山中何曾见一人。"

一老一少，一诗一画，一唱一和，老的年近八旬，少的三十出头。这仿佛爷孙一般的两人，一个在云南，一个在山东，凑在一块倒也奇了。

极品文人茶画

— 刘远江（美术评论家）—

物以稀为贵。这一价值评判标准大概放在任何领域都不为过，以之为标杆衡量画坛的价值取向无疑也是成立的。文人画就内质源起而言，已有近两千年的历史。应该说，国画，尤其是文人画，天生就流淌着文人不屈的血脉和不阿的气节，但现在真正意义上的文人画已不多见，因为底蕴、品格、才情与思想，这些文人必备的艺术素养在个体身上几近消弭殆尽。文人画包含山水、人物、花鸟三大画科，而论及文人画中的茶画，则更是至为稀缺。所幸，近年巧遇画家王成华在文人茶画领域踽踽独行，数十载如一日致力于茶题材的辛勤耕耘和汲汲求索，开创了文人画茶题材的体系化创作先河，对茶画理论及其相关文化支撑也做了有益于发展与传承的智慧梳理。虽说偶尔也能见到别的画家触及茶题材的创作，但多为零星之作，没能如王成华那般执著于恢弘发掘和深度表现，因此影响也就极其有限了。我和王成华的相遇，完全出于机缘巧合，正如文人茶画进入他的绘画视野一样出于机缘。

一　结识高友

山东省是全国公认的书画大省，亦是全国书画艺术品成功流通的主要集散地之一。在这样的艺术沃土上，诞生一些书画名家并不稀奇。那么，在书画艺术领域，我们到底会稀罕什么样的书画家呢？2015 年秋冬交替之际，我去泰安新泰美术馆参加一场书画展览，天空早早飘起了成团的大雪，目之所及，均被狂野的飞雪勾勒得银装素裹，不竭的雪势，如孩子的小肉拳般绵软地击打在人体的每个出乎意料的地方。

新泰美术馆是当地最恢弘的专业美术展馆，本期展览盛会展出了全国数十位书画界精英的代表作品，令人眼界大开。正当盛会如火如荼进行时，该馆馆长王道国先生却拨冗郑重其事地给我们引见了一位老艺术家，老艺术家也姓王，名成华，颔下白须飘飘，像悬着一练简洁飞扬的瀑布，看上去仙风道骨，颇有几分张大千的神韵。他为人甚是谦卑，已逾古稀之年却一味站着和我们这些晚辈寒暄，显示出他朴实敦厚的品性，犹如一方灵动得未受世风污染的净土。于是我们就知道，我们肯定遇到了民间高士，但凡高明者皆有其隐忍不发的一面，所谓水深不流，人稳不言，人智不谋，人善不欺。故王道国馆长所荐之画家——王成华，或许就是这样一个不轻易显山露水的当世高洁之友、方家之才。

二　民间大师

就这样，对王成华有些初步观感后，我们不由暗忖："王道国馆长在如此盛会上独推此人，定有其深意吧。"果不其然，王馆长忽然躬身从一手提袋中取出几本装帧精美的画册递给我们，说："这是王成华老师的作品集，他特意亲自送来请你们指导的。他是真正的实力派画家，画了一辈子，不慕虚名，但求画品能怡情悦心呢！"我们边翻看画集边回应道："是啊，只有沉心静气才能画出好作品，否则，虚名再盛也是空有其表。"我们说话时显得漫不经心，显然往外道出的皆是泛泛的经验之语。可当我们的心神渐渐进入审美阅读状态后，我们不禁吃了一惊，没成想，我们在一个县级市还能欣赏到这么出色的绘画作品，要是剔除人为依附在画家身上的各种所谓的"光环"与并不副实的"虚名"的话，那么，王成华的绘画水准堪称是大师级的了。诚如王馆长所言，王成华深深扎根于当地潜心画了半个多世纪，其创造精神与绘画智慧足以令铁树开花、顽石开化。其实，在当下浮躁世风日盛的情势下，越来越多的人都确信：中国当代真正意义上的书画大师应来自于广袤的民间土壤，王成华能否成为这样的大师，当然尚需经受住时间的检验，但有一点是明确的，他正朝着名副其实的大师方向迈进！

王道国先生见我们看得两眼放光，就笑眯眯地说了番很懂人生的话语，他用略带诙谐的口吻说："如果我猜得不错，你们肯定在想，要是能看到王老师的原作，那就更好了。"王道国说完就又躬身从桌下的手提袋中取出几幅画作，然后小心翼翼地为我们铺展开来，以便鉴赏。映入眼帘的画作皆为小品画，属中国当代极为罕见的文人茶画风格，显得异常精美有道，浓郁的生活情趣扑面而来，令观者很容易入画。入画后，眼前遂展现一派生机，笔墨文化与茶文化交相辉映，可谓"墨韵茶香"各得其所，合而为一则显韵味悠长。因为王成华的书道亦颇见功力，极富个性，加之擅长以蕴含诗意哲思的人生感悟箴言入画，真正实现了"诗书画印"的相得益彰，着实难得。

中国的茶文化源远流长，茶被中华民族誉为"国饮"，其在国民生活中的地位可想而知。但直到唐人陆羽倾力倾情编著《茶经》后，中国的茶文化始上升到"茶道"的层面，其影响广涉生活的方方面面。同理，中国不成体系、零星散落的茶题材绘画直到王成华具有卓识地将之系统化筑造成"茶画王国"后，中国当代难得一见的茶题材画创作方才上升到"文人茶画"的高度。由此可见，深入骨髓的系统化思想梳理是一个分水岭，零星的茶题材创作和成体系的文人茶画创造有本质的区别，为画技和画道之别，亦是画匠与大师的泥云之判。

从王成华这次带给我们的"见面礼"以及他的画集的整体画风来看，他主要创作的还是着重彰显中国文人性灵志趣的小品茶画。当然，也有少部分较为抽象类似于西画风格的画作，显得甚是国际化，据说这类画风多受外国友人青睐，此一风格亦渊源有自。原来，王成华自小受家庭及周边生活环境熏染，喜爱上了用绘画来表情达意，从而渐渐与真正的绘画艺术结缘，后源于绘画天赋崭露头角被人举荐到县城电影队画宣传画及出口设计，另因工作需要，于1976年被厂里选派到青岛工艺美术学校系统进修了两年的西方绘画艺术，这为完善王成华的绘画艺术打下了扎实基础，也为其日后的融合创新创造了理论上和技艺上的可能。大师就是这样经由一切可能的思想艺术积淀和历练，而后反复冶炼而成。

三　茶画盛宴

与王成华山东新泰一别后，我们又陆续应邀参观过王成华在广州等地举办的绘画个展，展出的皆为他的文人小品画中的精品力作，尤其是以中国茶道文化为依托的文人茶画系列。这些画展常受到收藏爱好者及各界藏家的热情追捧，往往一场展览下来，展出的作品大多就地售罄，所以王成华对待每场展览都是全力以赴，用心备战，因此准备周期都相对较长。观看王成华的展览让我们尤为印象深刻的是，许多藏家和受众都喜欢和王成华老先生合影留念，皆以能和他合上一影为荣，他们都亲切地称他为"王大师"。当然了，在这个"大师"满天飞的时代，观众给出的这个美誉并非是套话，这一点我们可以真切地感受到。他们嘴里喊出的王大师，着实是其内心真情实感的自然流露，是对王成华老先生的人品和画品的由衷尊崇！

正是为了高规格回馈社会及众多喜爱他的绘画艺术的朋友，已是中国文人茶画最具成就的代表画家的王成华迄今仍笔耕不辍，全力创作不断超越自我的崭新文人茶画，以期用一场场饕餮茶画盛宴满足广大藏家和绘画爱好者的精神审美需求。

四　极品茶画

中国传统文人画与宫廷画及院体画并立于世，且由于文人画是一个极具时代灵魂和影响力的群体画系，故其承载的人文情怀和民族精神尤甚，对后世影响亦最为深远。虽说其囊括了山水、人物、花鸟等国画中的所有主要画科，然而对文人茶画领域的创作却并无实质贡献。这表明数千年来，绘画界对茶性与国民性的关联理解得不够深入，所以难有表现。直到王成华在茶题材领域藉数十年的精耕细作，才令文人茶画这块本该浩瀚的冰山显露一角。王成华虽促成茶画取得长足进步，但倘若我们不加以重视并呵护，文人茶画亦将基本被其他类别的国画所湮没，那将是一个巨大的缺憾。

王成华的文人茶画在当代画坛不仅极为鲜见，而且他的部分文人茶画品质之高堪称极品。佛学禅宗一脉对茶性得出了"禅茶一味"的殊胜诠释。宋人苏东坡亦曾对"茶与画"的关系有过精辟的论述："上茶妙墨俱香，是其德同也；皆坚，是其操同也，譬如贤人君子黔皙美恶之不同，其德操一也。"因此茶和画虽形式各异，但其精神内涵与处世美感却惊人一致。

毋庸置疑，真正意义上的中国文人茶画直到当代才由王成华一手推动，作为一个整体概念慢慢从纷繁的国画乃至文人画中剥离出来，从而茁壮成长。中国当代文人茶画作为一个特定的学术研究课题相对较易出成果，但文人茶画家却着实较为稀缺，真正卓有所成的中国文人茶画家更是至为稀缺。因为文人茶画从本质上说，考验的还是画家能否具备一颗纯粹的有文化使命和社会担当的民族灵魂，以及抒发"至真、至善、至美"性情的能力，因此要求极为苛刻，必须人格、画格与天性同时因缘具足才行。

而王成华正是这样一位天生适合绘制中国文人茶画的本真艺术家，是当代不多见的、被时代藏得较深的一位出类拔萃的画家。

古拙童趣美髯公

－ 张阳（古拙童趣美髯公）－

第一次见到王老先生是在茶会上，看了邀请名单知道他要来。之前只看过老先生的画，听去做采访的茶语同事说过老先生，所以在茶桌上一坐，不用介绍就知道谁是：默默的，不怎么说话，很平静地喝着茶，白色的大胡子，皱纹像老茶树的根。

　　和老先生私交不甚。所在城市不同，他年纪也比较大，平时出来走动不算多，我是天南海北地飞，忙工作的事情。一年能见上一次就算缘分多几分了。对老先生的所有印象都是来自于他的画。朴拙，用笔和人物的形象极有古风，结构和用色却又有当代审美的意趣。有人说有乡土气息（茶语的编辑也这么写过），我却是不认同的。在我看来，他的画充满老来看世的童趣，主题多为茶，很得雅意。不是"大俗即是大雅"的那个雅，是文人茶师看淡世情后于山水之间席地喝一壶茶的雅。画上加上文字，书法有拙朴的味道，画面里的人和小物件又透着童真的趣。不用大，小小一张画，挂在茶室里就有说不出的美感，不至于佛里佛气的用力过猛，又有茶人想要的恬静清雅和天真之气。这次和王先生配诗出书的桑田是茶语的老战友，平时看到她在朋友圈发诗，我有时候点赞有时候不点，盖因年轻时也自诩是个能写诗的，如今俗务缠身，自己再写已成奢望，看见身边友人一直出作品那是说不出的嫉妒，这点小心思不说也罢。

因家父也是画家，擅油画和漆画，所以我从小看画看得多，看画家也看得多。有时候只见过画没见过人，待得见到作者，会感觉和他的画风是对不太上的，难免有些失望。之前没见过王成华老先生，但看了很多他的作品之后，脑海里就有了一个我虚构出来的老先生的形象，很妙的是见到了真人以后，这两个形象说不出地契合。桑田写诗的风格和王老先生的画有异曲同工之处，放在一起，相信这会是极好的绘本。这个书画诗集，是给那些爱茶、爱生活，在忙碌而浮躁的都市生活里，内心还有一片净土、对自然纯真还保持着向往的那些人最好的礼物。

愿在阳光灿烂的下午，择荫凉处，泡一壶茶，翻翻这本《茶事绘》，悦字画之悠，得诗歌之美，此为人生乐事。按我说，不但要有茶，还该备个酒杯，浮一大白。

表象的无声恰是一种
艺术精神契合的渡口

－ 潘大金（《微光》诗刊主编 ）－

认识桑田三年有余了，三年的时间里，朋友圈里的人少了一拨又一拨，被删除的、被屏蔽的、还有被时间遗忘的等等……但是对于桑田，我一直默默地关注她的动态，我们虽然各自忙于生计，交流甚少，但这不妨碍我们在文学创作上的共鸣。

我记得桑田在她的朋友圈里自嘲"人丑多读书"。然而从大众的审美来说，她不但不丑，还是一个美女，更加难得的是桑田在文艺方面的全能多才，单是写作涉及的文本范围就有小说、诗歌、散文、歌词等等。可是后来才知道，我看到的这些只是她文艺圈子的一小部分而已，她在绘画和古诗词上也有很高的造诣。

前段时间桑田说她要跟著名画家王成华老师出版一本诗配画的集子，问我能不能从诗人的角度来诠释这本集子。她的这个建议让我有点受宠若惊，毕竟合作的画家是行内的大家，加上我先前没有写过诗配画方面的作品，为此心里难免有些胆怯，生怕自己的拙评使得这本集子失色。近来在她再三催促要求下，我才应允。

诗配画，不管是诗与画出自于一个人的手笔，还是诗人与画家的合作，都极其讲究，诗与画都是一种表象极其平静的艺术，两者搭配如适合当然更好，若没有达到画与诗所共同表达的意境，就是一种艺术上的相互伤害。

近年，诗人与画家的合作在文艺圈内已经不是第一次了，2015

年 12 月，中国青年出版社就出版过著名诗人雷平阳的 56 首诗与贺奇的 56 幅画联合成的《天上的日子》绘画本诗集。虽然这次桑田与王成华老师的合作不是以现代诗歌的方式，而是两者都属各自不同领域的精神的黏合；最难得的是，1942 年生的著名画家王成华老师与 80 后诗人桑田的这次合作，超越了年龄在艺术上的大跨越。我个人认为，桑田与王成华老师的这次合作更为难得，它不仅仅是一次单纯意义上的诗画合作，更是一种精神的跨度交流，两个不同年代的艺术家在不同文艺范畴的交流也体现出老一辈文艺家对新人的提携。

> 月下饮茶读古今，长歌当哭对花吟。
> 花开月下独饮时，爱花花不笑人贫。

从画上可以看出，一个老者在花前月下朗读诗书，读到兴奋的时候，对花说起了自己的心事，说到尽情时一个人在花前独自孤饮，老者不由得感叹："还是花最好，只有花无论在什么时候都不嫌弃自己的贫穷！"叫他怎能不爱花呢？细看全诗与画的意境融为一体，诗画之间相辅相成，好像缺一不可，不由感叹诗与画两者结合的绝妙，同时也感叹两位不同年代的文艺人在精神上的高度契合。

少时独孤老更甚，半间草屋也容身。

相逢只言修行好，山中何曾见一人。

当读到这首诗时，被一种反问与自嘲的情绪牵引，常言道：追求注定是一种孤独，更何况是艺术。诗中说到年少时，为追求梦想，独自隐居山中。一次偶遇熟人，见面时不知道应该聊点什么，各自苦学修身之道，说修行有多么多么好，闲聊之时，连自己内心都不禁在问，修行真有说的这么好，为什么在山中没有再看到其他的人来？

我想这应该是作者本身的一种亲身体会，就像在这个物质社会一样，很多人说不求名利，只修心养性，但又有几个人能去做，更别说做得到，就算真做到，背后的艰辛可想而知。诗人桑田与画家王老先生同样如此，能有多少人愿意用一辈子来为未知的明天"事业"做赌注，若不是内心真正地喜欢，何曾不已经放下了？

登高极目远，天高白云低。

登上山顶，是可以更好地遥望远方，但又能怎样，你自己看看，白云已经足够高了吧？但还是被天压住了……如果说这幅画的意境好，那配画诗绝对可以说是配得妙，读这样的诗句，不由得感叹作者的心比天高，有远大的抱负，同时又不自我狂大。我想这也是作者想用这幅画道出的一种心灵境界。不自妄大，做自己能力范围之内的事，方能安心，读这样的好诗句，看这样的好画，对我来说，也是人生乐事。

问道南山下，闲坐白云头。

短短的十个字，里面的境界如诗句一般，高到白云之上，问道是南山，这是修心的地方。独自一个人坐在那里，脚踩黄土地，心却高于云间，作品体现出心高志远之人生大境界。

人世尽不愁，只看水东流。
落日照林晚，独爱波上秋。

从画中我们看到一个人在江边，静静地看着远方，看着大江东去不复返，心中激起涟漪。

他心里好像在说："就算人间的一切走到了尽头，我的心一点也不惆怅，虽然江水向东流去不再复返，落日也要到一个固定的时间才能照上对岸的枫林，但我仍然喜欢这江上的秋天，甚至是深深地爱上了它。"

诗画的完美融合，把一种豁达的人生境界诠释得淋漓尽致……

阅毕人间三百卷，云山深处去寻仙。

　　有时候我们想做一些事情，但必须做好前期准备，就像诗句写到的一样，想去山中寻仙，必须阅尽人间三百卷，这里的"三百"只是一个象征性的数字。诗的大意也可以说成：已经看破了人世间的一切，他要去追求一种更高的人生境界。

　　从这个句子里可以看出，作者是一个有思想有计划的人，不管是已经阅尽了人间三百卷，还是在深山寻仙的路上，我们都祝福这样有思想的人。

　　翻开这本厚厚的诗画文档，我心中被这两位有着忘年之契的诗画家深深地影响，为桑田与画家王老先生之间的这种默契度感到欣慰。在这个物欲横流的社会中，能看到这些经典的诗画，对我来说是一种心灵的净化与洗涤，深感无比荣幸。其实，这些精彩无比、完美融合的诗画只是这本诗配画集的一小部分，特别期待这次出版的诗配画能给文艺界带来一种颠覆常规的镜像。最后，借用这首诗结尾：

　　白云依青天，相对已忘言。
　　静坐风林里，观云天地间。

精行俭德，茶味之真

— 叶汉钟（非遗传承人）—

跟王成华老师认识是在茶的原产地——云南，第一印象"茶画"，有茶的灵魂的画，让茶水说话的画，让我有兴趣去观王老师的画。陆羽的"精行俭德"四个字表达了对茶人的期望，朱锡绶在《幽梦续影》中云："真嗜酒者气雄，真嗜茶者神清"，可谓说出了茶的真谛，茶使人神思清明。而茶画的清秀之气，在中国传统的茶文化里有着不可替代的艺术魅力，它象征着茶人的精神境界，茶画属于传统国画水墨画的一种，但茶画也更考验画家的功底、人品、学问、才情和思想，见到《茶事绘》的时候，我突然觉得：这五者都齐了。

　　王老师的作品大部分与山水有关，在苍茫天地之间，青山之中简陋的茅舍、屋外盛开的花朵、山中回旋的路、一弯溪水，都是绝美的风景，一幅幅画作中，茶的魅力再生，茶香弥漫。而画面上的人，或登山，或观海，或赏花，或品茗，皆是风流雅事，即使孤人站在山中，也有着独与天地精神往来的气质，人的周围虽是不同的风景，却是同样超然物外的心境，颇有陶渊明笔下南山的韵味，题诗则更是画中之情、画外之画，诗歌与画面俱入画境中，常常以实写虚，简单平淡却又意味深长，让人看后，心中也荡起清凉的涟漪，荡起回归家园的精神追求。

纵观中国绘画的历史，以茶入画者多有文人，唐以前的茶画作品鲜见于世，唐以后至宋元明清，茶画作品逐渐多了起来，特别是元明清三朝，茶画艺术正值鼎盛。"人在草木间"构成了一个极寻常的中国字"茶"，然而，茶所承载的文化底蕴岂能用一个"茶"字言尽？茶是人类永恒的主题，当今，画家偶尔画茶多见，成批的有主题的茶画却鲜有，王老师弥补了这一缺憾。他画了一系列的茶画，并在每一张茶画上，都配有一首小诗，这批茶画在形式上很宽阔，人物、山水、送别、花鸟、对饮皆是美景，中国画语言功能的发挥在这里率性为之，王老师也通过对物象的描绘诠释了一种文化理念的存在。

读茶画，就连诗歌也浸润着茶香，诗歌通过水墨韵味表达茶之韵香，散发山 种清奇之气、率真之趣与幽远之思。其字如乌龙茶之身骨，坚实铁骨。画似茶之滋味，韵味弥漫，画面山水气息能让人感受到清新漂流的香气，充满了浓浓的生活韵味和独特的个性魅力。

王老师以一颗内蕴深厚、学养丰富的"心"，用画笔营造这一大美之境，让人以悠然之姿赏画品诗。

目 录

独。

饮

月下饮茶读古今，长歌当哭对花吟。
花开月下独饮时，爱花花不笑人贫。

山林小暑前，茅舍起新烟。
村后有清流，直入万亩田。
午后总得闲，一壶又成仙。
只等邻院客，好茶试新泉。

独对长日落，静看门前水。

白云深处隐者多，自将清淡比青松。

粗茶淡饭而用大空翁成茶

粗茶淡饭出真味。

竹篱之上百花争，春雨微微洗花尘。
山中花事年年有，怎向山外求芳春。

晨起秋光八月初，一盏香茗伴读书。
待到日斜黄昏后，瓦屋静听风敲竹。

春花秋月好风光，秋到冬来草叶黄。
若得寒天梦一场，来世花开满庭芳。

東山有日出
西山藏深竹
苔色連落叶
悦己心自足
閑持圣賢書
悠然山中讀
淡然不入世
入世竟相逐

桑田詩句
丁酉夏月
大壺翁
戏笔写意

东山有日出，西山藏深竹。
苔色连落叶，悦己心自足。
闲持圣贤书，悠然山中读。
淡然不入世，入世竞相逐。

溪山流水照花影 丁酉画 大壶翁 戍

溪山流水照花影。

茶事绘。

一年春尽二年春，春花秋月几度新。

忘却人间烟火事，杜鹃开完桂花香。

勝日吃茶在湖滨，山色水光时时新。

一壶好茶屋前坐，惹得山花报春来。

茶事绘。

半盏清茶观浮沉人生，一颗静心看清凉世界。

世情流水十年间，人间何事不强颜。
赤心总在春山外，身似孤云野鹤闲。

清风自在春日长，山水空流山花香。
闲时总在南山下，题书石壁写清凉。

慢煮茶香淡看岁月。

一抹霜天带斜阳，山中煮茶青石上。

愿听流水绕花间。

今年花开人来看，明年花落有谁怜。
饮茶读书醉花下，茶醒人在落花前。

一树红花手自栽，秋风过后秋雨来。
晓寒时节山寂寂，唯恐冬月花不开。

山中岁月初见窄，一壶香茗天地宽。

诵禅茅檐下，
吃茶看月缺。

人老不畏身前事，一片冰心似玉盘。

讀書日
復日
飲茶年
復年
桑見
詩句

读书日复日，饮茶年复年。

杯中茶香人自知，空山倒映水悠悠。

好书有清风，茶真意更浓。
人在古树下，心似闲云中。

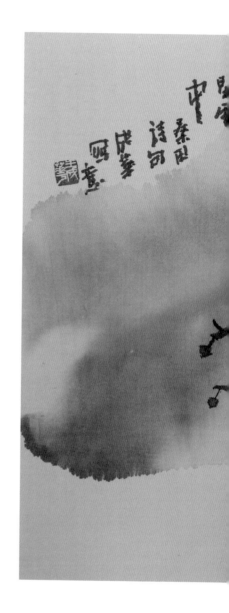

心下樹古人在澧要意真茶

國有戊

濤書

人间有路各漫漫，闲茶静待瓜蒂落。

醉臥雪中青石上。

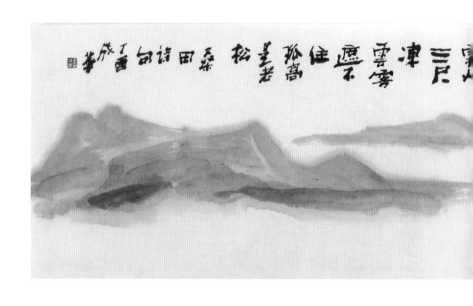

茶事绘

南山有幽梦，霜烟三尺冻。
云雾遮不住，孤高是老松。

高树黄叶低树花，饮茶读书树影下。

夏日
黄花
分外
柔
桑田诗句
戈华作

夏日黄花分外柔。

问道南山下，闲坐白云头。

人生自古老来闲，总见鱼儿戏绿台。
不羡野云随风去，一壶清茶是江海。

人世尽不愁，只看水东流。

落日照林晚，独爱波上秋。

题桑田诗句

春风又秋
风万事
终成空
相思梦
里路飞
雪落杯
中
丁酉
夏月
大壶翁
戊笔

春风又秋风，万事终成空。
相思梦里路，飞雪落杯中。

登山极目远，天高白云低。

满园春花似红妆，留取清风作故乡。
一壶好茶关不住，隔墙飘来茉莉香。

斜阳从西下，喝下两碗茶。
万事心头乐，千山皆是家。

茶中岁月远，人间事已非。
树影半浮沉，日暮缓缓归。

昨日花前听夜雨，今晨诗书对茶香。

一壶生茶出金汤，园中瓜果有茶香。
眼前秋色怀暖意，心中一片楚天长。

浮云流水听不足，座有茶香人不俗。
老夫举杯邀松柏，犹似老友喝一壶。

山中岁月人不知，醉卧南山未有时。
一朝醒来迎风立，诵得几行前朝诗。

晨时出门昏时归，尽日饮茶对落晖。
一山自有千古乐，也无风雨也无为。

空山寂寂养茶心。

半生钻故纸，不待出头时。
茶香香几许，自有清风知。

浮生如朝露，转眼郭北墓。
去日总爱茶，又把终身误。

南山春花北山茶，

尽是老夫寻乐处。

南山春花北山茶
盡是老夫尋樂處
采果田詩句
大壺翁
戊華寫

人生年年岁岁相摧，一寸俗念一寸灰。
呼来孙儿坐壶前，从此莫离掌中杯。

流水重阳九月九，百花开尽山河秋。
茶人不是悲秋客，一念光阴到江头。

对。

饮

最爱山花云水间，客来闲饮一壶茶。

竹篱茅舍访孤僧。

相逢莫问浮生事，且说莲花扑鼻香。

玉碗取水春山下，焚香插花一壶茶。
肯与知己相对饮，笑谈人间日暮斜。

一壶好茶等不得，狗吠才知友人来。

清溪碧流山中觅，心似流云无所期。
醉倒林间一身梦，醒来访友吃茶去。

石桥流水雨纷纷，茶友同赏一片春。
已向杯中得清净，又将玉兰作芳魂。

知己相交是良辰，孤清高洁度余生。
坐看寒冰断流水，静待枯木再逢春。

繁杂人间事，烟消一壶茶。

日出东方雾蒙蒙，春日山花照水红。
四时有味得知己，梨花落入春水中。

朋友如茶，相交如水。

少时独孤老更甚，半间草屋也容身。
相逢只言修行好，山中何曾见一人。

入门自有茶香迎，出门清风还相送。
吟得春光万里路，落花流水石桥东。

岁暮南山又相逢，客问不语看青松。
一生高洁成佳话，傲然百丈舞霜风。

一壶饮得山水绿，此心不与白云知。

茶为百草英，一壶骨自清。
春江万里路，百花总有情。

风吹云动不动山，岩上茶人犹坐禅。
不语杯中万般事，茶色深浓山色淡。

两人喝茶得友。

相知一壶茶，晨昏复晨昏。

沙场谈兵一盘棋，春秋冬夏人不知。
心似水仙昨夜开，身如老树化枯枝。

萧萧红叶满山飞，好茶知音常相会。
云外青山遮不住，徒留枫叶映余晖。

萧二红叶满山飛轻茶知音常棠桐会外青山遠不住往留映叶映余暉桑田诗句丁酉任华

雪尽山中多飞鸟，一入青天万里遥。

诗书酒茶不知愁，难畏江水日夜流。
闲谈忽见山头色，顶上清晖已白头。

半生闲居石桥东，生死与草共枯荣。
曾为少年狂歌老，更见昏鸦过荒冢。

一壶茶香晌午后，远听山涧落飞泉。

白云客中过，切莫唱离歌。
此去一别远，万事成蹉跎。

茶事绘。

秋高不语云山处，杂花好比春花乱。

花踏 芳草 桑田 诗句 成華写意

唤得孙儿晨间起，饮茶看花踏芳草。

送别意迟迟此情
与君知愿待明月
後人归暮雪时
桑田诗句 戌笔

送别意迟迟，此情与君知。
愿待明月后，人归暮雪时。

高山流云水涓涓，一江人家接暮烟。

柴门迎远公，闲说世情空。
飞鸟万里尽，野鱼动荷风。

平生莫为悲秋客，一壶老友万事休。

山上老友茶已备，闲听山泉终日鸣。

庭前花开开几许，庭前落花花好雨。
远行客来庭前坐，相对饮茶茶不语。

年年岁岁此山中，满树幽花谁与共。
诗书常伴茶终老，生生世世与山同。

茶 事 绘。

一花开尽万花随。

闻得老友归来日，
煮水备器来相迎。

山中访友一壶茶，诗书共赏情更悦。

心中有闲茶一壶。

黄梅树下春日迟，一壶佳茗敬相知。

风吹瓦屋雨打墙，好茶饮得九回肠。

待客茅舍外，共茶看清波。

此时此地有来由，天地苍茫语暗投。
明朝满船载茶心，长歌一曲过沙洲。

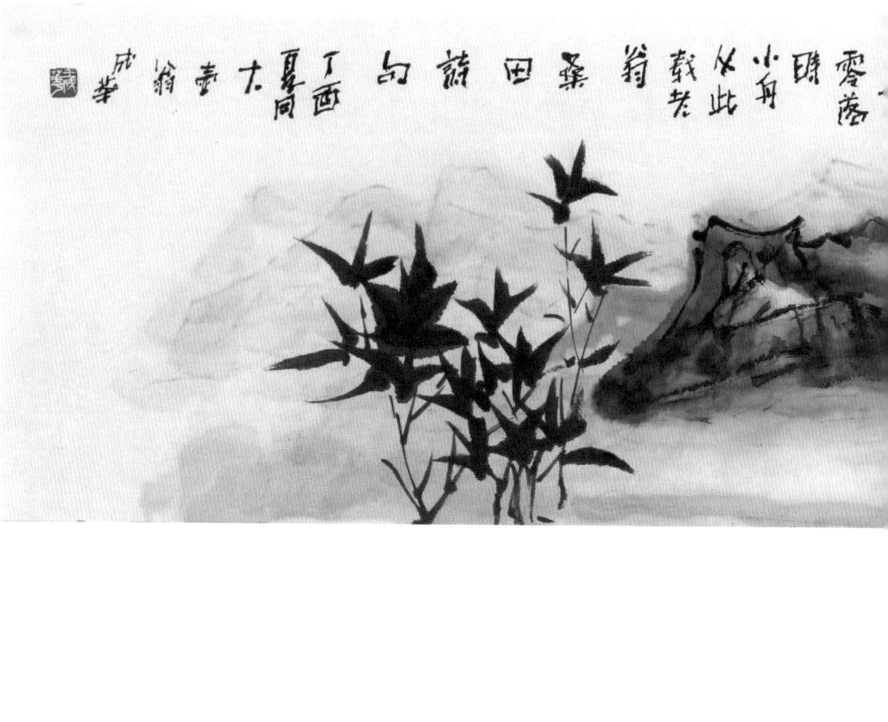

曾记骑马踏东风，东风无处认郎踪。
一壶知交零落时，小舟从此载老翁。

飲　說　天下桑苎詩句　士壺翁戊華

茶事绘。

苦寒读书人，对饮说天下。

才见山中花谢时，又是山果落纷纷。

雨过春山桃花开，斜阳更在春山外。
引得娇莺三两声，似是故人送茶来。

桃花不笑茶中事，茅檐石下有青苔。

春来天暖日渐同，备茶煮水邀邻翁。

一壶知心话，闲花上枝头。

茶 事 绘

一壺知心話閒花上枝頭

桑田诗句
丁酉啟華

万畦秋稻静如画，稚子煮水试秋茶。
不知久远有亲戚，笑问来客是谁家。

茅舍之上樱花开，院里草花手自栽。
未尽一片良友意，早有花瓣落杯来。

两岸依依潮水平，上有幽草涧边生。
山中对坐无言语，尽日时闻喝茶声。

似是故人送茶来。

山中岁月未知期，执手老妇共忘机。
年少多念老来时，此情此景亦此地。

闲时静看林中路。

来 桑田诗句 丁酉暧月墨石山水茶事戏意

不去年盛 開重不花百頭枝

枝头百花不重开，盛年一去不再来。

柳叶桃花一处开。

人生别离时，路远莫念之。
天地远行客，寂寞东南枝。

最爱饮茶在湖西，水面如镜云脚低。
一壶佳茗黄昏后，闲聊细说白沙堤。

众。

饭

老友相聚茶味真，不知人间秋已深。
从来好茶敬知己，高山流水到掌灯。

秋意阑珊时，饮茶会友日。
访遍旧老友，个个是茶痴。

三人对坐雨纷纷，一壶好茶已脱尘。
若知四海皆兄弟，相逢何必是故人。

松下有三人，石上秋色深。
年年有茶事，此乐难具陈。

三人喝茶得道。

四人喝茶得趣。

纸窗瓦屋竹林里，半身独与贤人居。
闲步竹林引清风，诗书酒茶随兴起。

杯茶好水犹未尽，茶中真味教儿孙。
未尽函关老子意，春燕已过数枝云。

冬日万事倦，半日与君闲。
又添新访友，品茗笑语间。

老树新枝春芳歇，四友棋下尘音绝。

夏日炎炎树叶肥，老树底下多茶杯。
一曲知音终了后，尽说田家瓜味美。

夏日炎炎二樹葉
肥老樹底下
多茶杯一曲
知音絡了
後盡說田
家瓜味美

桑田
诗句
成華作

144　　茶事绘。

春梦清幽茶香里，几回落叶又新枝。

農閑時節訪老友
王孫只在笑談中

桑田诗句 丁酉
夏月成革

农闲时节访老友，王孙只在笑谈中。

青石桌前茶一壶，闲客自来总邻翁。

不如围坐一壶茶，只说茶比山花香。

茶事绘。

好茶老友资闲兴，满目秋江芦花映。

煮茶山林间，良辰奈何天。
风雅从来有，不费一文钱。

煮茶林間聞良奈何長何足風雅從來不費一文錢

丁酉

詩句

啟

　　茶 事 绘。

微雨新枝出新芽，相映远山一树花。
天涯梦短吟诗客，不爱荣华爱僧家。

此情几时休，此景几时有。

愿得一壶茶，不为儿孙愁。

此情几时休，此景几时有。愿得一壶茶，不为儿孙愁。桑田诗白，戊寅，写意。

茶。

贴

品茶论道，缘聚是福。

浮生若茶，有味清欢。

事事如意，知足茶乐。

心无物趣，坐有茶书。

寻得良友一壶茶，一笑仿似春花红。

小窗赏明月，品茗论古今。

品茗笑语间。

清闲供茗事。

多福。

多寿。

多利。

多子。

茶逢知己，乐以忘忧。

我敬柏老高洁志，同饮一壶远踏歌。

采来春茶喜独尝，杯中乾坤日月长。
我自将心归田园，留取春山露华香。

茶 事 绘。

乾坤日月长 归田园居心性自乐

壶中杯茶香来采

丁酉 浮峰山房

173

杯满待客来。

静中有乾坤，禅中有深意。

独怜秋菊东篱生，隐者书中有芳魂。

最美石中水，特香山里茶。

世间万事一壶中，慢品细啜出真味。

花间一壶茶。

一杯清茶洗尘心。

借得梅上雪，煎茶别有味。

禅心茶韵。

闲花倦日读书中。

一汤一色出凡尘，茶香常伴读书人。
闻得清风传雅韵，不觉又听万物生。

寒来岁暮北风催，寂寞杯中寻茶味。
饮出江山明月里，又得寒香一树梅。

茶事绘

寒来岁暮北风催
寂寞杯中寻茶味
饮出江山明月里
又煨寒香一树梅
起桑田诗句
丁酉夫壶翁
斌莘
纷煮

187

找个老茶壶，约个老时间。
几个老朋友，磨个老半天，
胜过老神仙。

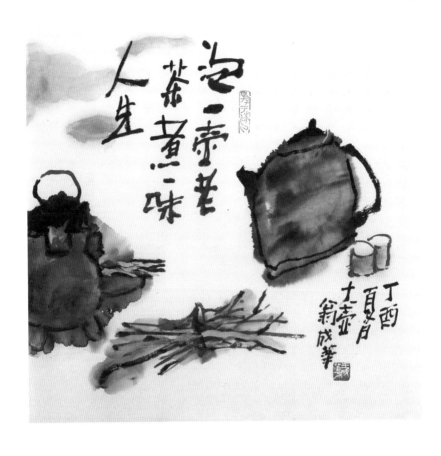

泡一壶老茶，煮一味人生。

林间携客。更烹茶

风吹云动水无痕，百草翻叶动秋声。

昨日春南风，转眼秋花红。
人在秋山里，山在秋色中。

草舍幽僻尘嚣远，山野拾柴归来后。

老友再相逢，茶香送晚风。
横烟秋波上，沧海斜阳中。

一别多日道路遥，道旁落木已萧萧。
老翁寻茶出门去，山路更作良友交。

阅毕人间三百卷，云山深处去寻仙。

孙儿老翁共花事，明日引水须趁早。

南山煮茶北山香，终日悠然万虑忘。

家住南山北江边，老妻煮水天明前。
知汝晨起应有意，肯将茶事惜残年。

江村片雨后，日落西山头。
茶香人未足，邀友踏清秋。

秋山秋雨后，红叶逐水流。
入山寻茶意，出山下渔舟。

茶事绘。

秋山
雨後
红叶
巫水
流入
山寺
茶意
出出
下渔
舟
桑田
诗句
丁酉
大壺

莫问道旁且何人，空山寂寂养茶心。

山高入云峰，深山有远钟。

茶香会于此，旧友来相逢。

孤云送别日，问尔何所之。

遥指天高处，青山无尽时。

茶 事 绘 。

一村一童一老翁，青山不改旧时容。
此地山中有古寺，悠悠传来夜半钟。

燕啄春泥

桑田诗句
代笔写意

杨柳依依茅舍西，
戏看春燕啄春泥。

杨柳依：：茅舍西戏看

秋山太古色，晚来闲云遮。

天伦归家时，白墙映黄叶。

茶事绘。

秋山太古無遲暮晚來閑雲天倫琴家臼墻映黃葉桑田詩句丁酉成翚

又到重阳归家日，尽看天顶南飞鸟。

半亩家园朝南开，庭中黄菊手自栽。

图书在版编目 (CIP) 数据

茶事绘 / 桑田文；王成华绘 . -- 武汉：华中科技大学出版社 . 2018.9
ISBN 978-7-5680-4491-2

Ⅰ . ①茶⋯ Ⅱ . ①桑⋯ ②王⋯ Ⅲ . ①茶文化—中国 Ⅳ . ① TS971.21

中国版本图书馆 CIP 数据核字 (2018) 第 178902 号

茶事绘
Chashi Hui

桑 田 文

王成华 绘

策划编辑：杨 静 陈心玉

责任编辑：陈心玉

封面设计：璞 间

责任校对：刘 竣

责任监印：朱 玢

出版发行：华中科技大学出版社 (中国·武汉) 电话：(027)81321913
　　　　　武汉市东湖新技术开发区华工科技园 邮编：430223

印　　刷：武汉精一佳印刷有限公司

开　　本：880mm × 1230mm 1/32

印　　张：8.25

字　　数：100 千字

版　　次：2018 年 9 月第 1 版第 1 次印刷

定　　价：49.80 元